动物园里的朋友们

（第三辑）

我是小熊猫

[俄] 塔·拉扎列娃 / 文
[俄] 伊·特列季亚科娃 / 图
靳玺 / 译

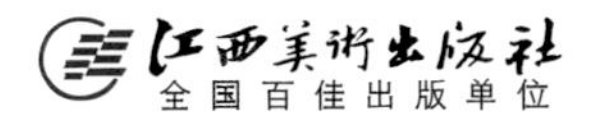

4只肥肥的
小熊猫加起来
比你还重呢！

我是谁?

我是谁呢?问得好。

这么说吧,我是小熊猫。虽然我看起来像只浣熊,有时候的行为却又像只熊。我会捕食一些更小的动物,但是我很温和。总之,你这个问题问得好,有时我自己也会感到困惑呢。

在法国,人们叫我闪闪的熊猫。在芬兰,人们叫我金熊猫。西班牙人和中国人都叫我小熊猫。在韩国,人们称我为熊猫宝宝,因为我很小,加上尾巴才大约1米长,和一只大猫差不多。也许这就是为什么我的拉丁学名的意思是“闪闪的猫”。很好听,不是吗?但尼泊尔人一般都弄不清我到底是谁,就称呼我为熊猫。

总之呢,我是小熊猫,或者红熊猫!很高兴认识你。

我们的居住地

以前，在欧亚大陆和北美洲有很多小熊猫，但这是很久很久以前的事了，那个时候地球温暖潮湿。后来气候发生了变化，我们就住到了喜马拉雅山脉地区：中国西南部、缅甸北部、不丹、尼泊尔和印度东北部。这些地方的冬天与夏天就只有降水量不同而已。而且这些地方有很多古老的树木，爬树很方便，也有很多竹林，既能藏身，又能填饱肚子。

我们必须小心躲藏起来，因为我们小熊猫非常稀有：整个地球上大约只有1万只。即使所有的小熊猫都聚集到一起，也比不上一座城市的人口数量。

在自然条件下，我们大约能活10年，人工饲养的话，活的时间会长一些——能有14~15年。当然，人工饲养对我们来说是一种束缚。所以我们还是最喜欢山区，这里棒极了！

在世界各地的85个动物园中住着大约350只成年小熊猫，还有差不多同样数量的幼年小熊猫。

小熊猫住在海拔3000米左右的高山中，这个高度大约是上海东方明珠电视塔的6.5倍。

小熊猫的爪垫上
都长着短毛。

红色和棕色毛皮
有利于小熊猫藏身
于苔藓地衣上。

我们的皮毛

当然，我不该吹牛，但人们真的觉得我是地球上最可爱的动物之一。我的脸很漂亮，有白白的耳朵、白白的脸颊、白白的眉毛和白白的长胡须，而眼睛是深褐色的。每只小熊猫眼睛周围都长得不同，方便我们相互辨认。

我的背部和头部是棕红色的，肚子和腿是黑色的。我有一条长长的、蓬松的红色尾巴，上面还有浅色的圈圈呢。总之，我身上有很多种颜色，真的很漂亮。

嗯，当然了，虽然我身上有多种颜色，但长得一点儿都不像鹦鹉。我身上有这么多种颜色是为了在森林里睡觉或放松时不让别人看到我，可不是为了炫耀。

我们的身体

我的前爪抓东西很牢，因为里面藏着弯弯的尖指甲。但是你别害怕，我可以把它们半藏起来，在我爬树或者自卫的时候再伸出来。虽然我的前爪更像熊爪子，不太像你们的手，但我可以用爪子握住竹子，就像你们握住冰棍一样。但我不吃冰棍，我的主食是竹子，因此我需要强壮而锋利的牙齿。我有38颗牙齿，比你多吧。你试着啃根竹子，就能发现这有多费劲了。我的尾巴可不仅仅是为了好看，我用前爪吃东西时，可以坐在后腿和尾巴上。如果我不想坐着、爬树或者跑来跑去了，我就会去睡觉，这时柔软蓬松的尾巴就是我的枕头和毯子。

小熊猫的前爪还有一个
“多出来的”手指，
就像你的大拇指一样。

我们的感官

我的视觉和听觉没有那么敏锐，我主要依靠嗅觉。哦，我的嗅觉很厉害的！当我想向小伙伴传达一些信息时，会留下自己的气味。我们称为“气味来信”。想收到我的来信吗？嘻嘻，对你来说它不过是一种难闻的气味，但我的小伙伴们就能明白：谁住在附近，我多大了，我叫什么。晚上我什么都看不见，就用长胡须打探周围。我会像蛇一样用舌头舔一舔空气，这样就能了解外部世界的信息。

我们的“语言”可能让你觉得是在叽叽叫、喳喳叫或者是咔咔响。但是如果有人不想认真听我说话，我就会用后爪站起来，伸高前爪，露出指甲，然后大声地愤怒地嗞嗞叫、哼哼叫，发出各种尖叫。所以最好和我做朋友，一定要记住哦。

我们的强项

我最大的爱好是爬树。如果有世界爬树比赛的话，我肯定能登上冠军的领奖台，因为大部分时间我都在树上。我走得不快，因为我的前腿比后腿短，所以我爱跳，这样快些。但如果你要和我比速度，最好一开始就骑上自行车，这样才可能超过我，我移动速度很快的！嗯，如果你想和我一起在树枝之间跳跃，那我会非常欢迎！但你要知道，我甚至可以跳两米高，这大约是我整个身体加尾巴长度的两倍！总之，跳跃和爬树是我的强项！甚至可以说，在树林中我简直如鱼得水。虽然我并不喜欢水。好吧，如果指喝的话，我确实喝水，但是喝得不太多。

小熊猫在地上的移动速度可以
达到 15 千米/小时。

小熊猫一天能吃2000片竹叶。

我们的食物

我一般吃竹子的嫩叶和竹笋，因为它们鲜嫩可口。但其实我更喜欢森林里的各种果实，浆果、花朵、根、蘑菇、橡果、地衣和青草。要想靠这些填饱肚子，就需要吃很多——每天3~5千克，几乎等于我的体重。你能想象你每天吃的食物的重量和你一样重吗？但是我没事儿，因为我总在动，整天都在找食物。有时我也吃小型啮齿动物，还有鸟蛋和昆虫——我可是食肉的！但这种情况很少见，只有在根本没有其他东西可吃的时候才发生。我不喜欢他们的味道。

我非常喜欢吃，不管什么姿势都能吃：坐着吃，站着吃，挂在树上吃，甚至躺着吃！哦，又有食欲了，我要去吃点儿东西了。

在动物园里小熊猫吃水果、蔬菜、竹子和饼干。

我们睡觉的地方

好吧,吃完了东西,现在可以睡觉了。别担心,我不会睡很久,不像你。我睡不了太久,尤其是晚上。我住的地方还有真正的食肉动物呢。因此，我基本上白天在树上睡觉。最安全、最舒适的地方是树洞，我缩成一个球，用尾巴遮住自己就睡了——谁都抓不到我。但有时只能趴在树枝上睡觉或靠着大树坐着睡觉，一点儿都不舒服，但我又能怎么办呢？无论是我们小熊猫还是你们人类，都需要睡眠。睡醒之后，我会像猫一样洗脸：我会舔一舔前爪，然后用前爪擦脸、肚子和背，凡是能够到的地方都擦一擦。有时我会用背部和腹部在树干或石头上蹭来蹭去，给自己做按摩，这对身体健康非常有益，你一定要试试！

小熊猫喜欢趴在树枝上，
4只爪子下垂，吐出舌头睡觉。

我小时候

关于我是怎么来到这个世界上的，妈妈跟我说过很多次。一开始，她遇到了爸爸。爸爸吹口哨的方式很特别，他温柔地叽叽叫，热情地吱吱叫，还挥动着他的美丽尾巴。妈妈怎么能禁得住他的吸引呢？大概在5月或6月，妈妈知道我很快就要出生了。她在岩石裂缝中铺上柔软的苔藓、草和树叶，造了一个舒适的巢穴。

最开始的时候我很小，闭着眼睛（出生18天后才能睁开眼睛），全身都被米色的毛皮覆盖，只有脚底露出粉红色爪垫。我的妈妈舔了我很长一段时间，有几天几乎寸步不离，一直抱着我，用她那蓬松的尾巴盖着我。她给我喂了5个月的奶，并教会了我之后生活中所需要的一切技能。半年后，我看起来已经像一只真正的小熊猫了，也知道如何觅食了，但我仍然和妈妈待在一起。我的妈妈是世界上最善良的小熊猫，我非常爱她。

小熊猫宝宝**3**个月大时
才能有像成年小熊猫一样的毛皮颜色。

小熊猫妈妈会为小熊猫宝宝
在**3**米高的地方筑窝。

所有国家都禁止捕杀小熊猫。

近**50**年来，小熊猫的数量几乎减少了一半。

我们的天敌

我得告诉你一件严肃并且不太愉快的事。我不想说，但我妈妈告诉我，要说实话。事实上，小熊猫最大的敌人就是人类。当然，山上的雪豹也可能攻击我们。但是，人们不断砍伐森林、建造新城市、修路，让我们无处可居。我们失去亲人，惊慌失措。当然，你们中也有好人——他们把我们写进濒危动物红皮书里，禁止人类狩猎小熊猫。这世界上有很多好人，总有一天我们会幸福地生活在一起，因为善有善报。看完这本书你就能知道，小熊猫是一种多么好的小动物了！

你知道吗？

小熊猫，或者叫红熊猫，是世界上唯一一种真正的熊猫，它们可以以此为傲！

你可能已经知道大熊猫不是真正的熊猫，只不过人们在给它取名字的时候，犯了一个小错误——不知怎的，他们觉得这种大个头、吃竹子的黑白熊有点儿像灵活小巧的红熊猫。虽然我们可以一眼看出，大熊猫和小熊猫之间，除了都是哺乳动物和都吃竹子以外，就根本没有其他共同之处！

虽然很奇怪，但是欧洲学者发现大熊猫的时间比发现小熊猫晚了**50**年。

嗯，当然了，在小熊猫生活的地方，当地的居民早就知道它们的存在。但这在科学界并不算数。只有当某个科学家看到它们的时候，他们才承认：对，确实有这种动物存在！

所以，虽然中国人比欧洲人早**800**年就开始描写这种动物了，

但直到**1821**年才算真正“发现”了小熊猫。

英国探险家托马斯·哈德威克发现了小熊猫。要是按照他的想法，小熊猫今天就不会叫小熊猫了，大概会叫“呀”或者“哈”——哈德威克就想这么给他发现的动物命名。在中国的一些地区就是这么叫的，因为当地居民听到小熊猫经常“呀”“哈”地叫。

想象一下，这本书的书名叫《我是呀》

或者《我是哈》！

在哈德威克返回英国的途中，法国博物学家弗雷德里克·居维叶先他一步，首先给这种红色熊猫起了拉丁学名，翻译过来就是“闪闪的猫”。唉！哈德威克该有多生气啊！

但他也无可奈何：

科学界有他们自己的规则。

虽然我们可能觉得这些规则很奇怪。

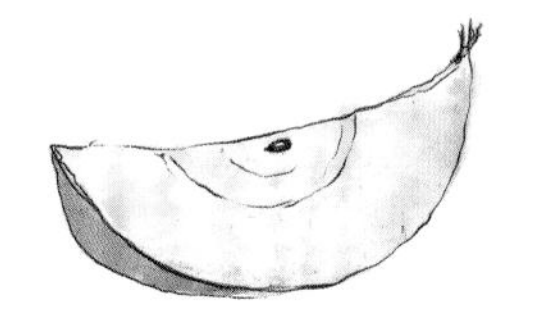

任何动物只要有了拉丁学名，不管发生什么事情都不会改名了。除此之外，最先找到这种动物的人并不算是它的发现者，为它起拉丁学名的人才算是它的发现者。这下你能想象出来可怜的哈德威克有多生气了吗?

而且，他想出的“呀”的名字

在他的母语英语中也未被长期采用。

在旧英文书中，十分罕见的情况下，小熊猫被叫作“呀”，但后来人们觉得“小熊猫”更好听。尼泊尔语里小熊猫的意思是“利爪”“爪子”或者“锋利的爪子”——小熊猫的爪子确实非常锋利。

小熊猫看上去跟这个世界上所有可爱的动物都很像，

和小狗、小狐狸、小浣熊一样可爱。

而且，它跟小浣熊确实是沾亲带故呢，

只不过是很远的亲戚！

你已经知道了，小熊猫也食肉。但它似乎根本不想当食肉动物。因此，有一天小熊猫决定要成为一名素食主义者。当然了，在大自然中生活的小熊猫有时还会吃点儿肉。但是生活在动物园的小熊猫坚决拒绝食肉动物的食谱，只吃水果、蔬菜。嗯，当然了，还有竹子。

这样还怎么叫它捕食者呢？

它可是真正的捕食者啊！

你知道吗？捕食者可不是因为吃肉才被称作“捕食者”的。

捕食者全身的每个器官都是为了食肉。也就是说，它们有锋利的牙齿、专门的胃和特殊的新陈代谢系统。嗯，比如，你明白一头狮子和一头牛的不同吗？捕食者有的一切特征，小熊猫都有。

所以，素食对它来说应该是没有什么好处的。

事实也确实如此。你知道肉食者想要不饿肚子，得吃掉多少草吗？量肯定非常大，所以小熊猫几乎整天都在吃东西。

但同时它们也很挑剔。大熊猫会吃掉整根竹竿，只剩下根部。而小熊猫会找更新鲜、更嫩、也更可口的竹笋来吃。幸运的是，至少它的牙很锋利，可以咬肉，也可以啃竹子。

你可能会觉得，是不是小熊猫吃得太多，所以发福了？

其实它根本不胖，只不过是它的皮毛太厚实了，所以小熊猫看起来比它本身要大很多、胖很多，尾巴又增加了它的“长度”，毕竟，它尾巴的长度几乎快超过身体了。当小熊猫从树上下来，在地面上散步时，尾巴呈水平状态，看起来好像是它背部的延续，因此小熊猫看起来比实际上更长。

小熊猫要这么暖和的皮毛做什么呢？

在中国和尼泊尔，会有非常寒冷和潮湿的时候，所以小熊猫离不开厚厚的外套。它们完全能适应寒冷，但特别不喜欢炎热。对它们来说，25℃都已经太热了。所以，小熊猫住在山上，山上总是比山下温度低。

热的时候能去

凉快的河里洗个澡就好了。

也许它们就是这样做的。只不过，迄今为止从未有人见过小熊猫游泳。因为，即使是科学家也不知道它是否会游泳！唉，这些科学家啊！认识小熊猫都快200年了，对它的了解还这么少！事实上，对小熊猫的研究确实不太够。为什么呢？说实话，不清楚。你要是见到生物学家，一定要立刻严肃地问问他这个问题。

观察欢乐的小熊猫是一件很有意思的事，

但是在大自然里你可见不到它们，

它们藏得可好了。

不过，在动物园里，它们见到人类时可完全不会害羞，就在人类眼前淡定地做自己的事。没错，并不是在每个动物园都能看到稀有的小熊猫。例如，在俄罗斯，人们只能在莫斯科动物园里看到小熊猫，俄罗斯其他动物园里都没有小熊猫。所以，如果你住在莫斯科，可以去看看小熊猫。

小熊猫非常可爱、温顺，

很好驯养，

甚至完全可以养在家里……

但是我们去哪儿弄那么多新鲜的竹子呢？很少有人家里种竹子，而小熊猫离不开竹子，这是其一。其二，即使我们住在竹林里，也无法养一只自己的小熊猫，毕竟，它可是濒危动物红皮书中的珍稀动物。红皮书中的动物是禁止在家中喂养的，也绝对禁止捕捉生活在大自然中的它们。

的确，有时候小熊猫自己会去做客。

不久前，一家人聚在一起吃饭。大家刚坐到桌边，突然一只小熊猫闯了进来！它毫不害羞地走到餐厅，谨慎地坐在角落里，静静地看着人们。当然，热情好客的主人招待了这位尊贵的客人，还给了它一个干草和树叶做的软垫。

作为回报，小熊猫同意和人类合影，

还让他们抚摸了几下。

但是之后还是要把它放回大自然——中国法律禁止将小熊猫养在家中。而且，这只小熊猫非常健康，也根本不饿，所以不需要人类的救助。那它为什么来找人类呢？这是一个问题。也许是出于好奇——想看看邻居是如何生活的；也许是出于其他原因前来参观。

我们对于这种可爱的小动物

实在知之甚少啊！

但是我们知道小熊猫非常敏捷，而且它们可以倒挂在树上，这可不是谁都能做到的。你有没有见过一只家猫倒挂在树上？没有吧。如果一只猫爬上了树，它一般会屁股朝下慢慢地爬下来，然后跳到地上；或者会拒绝爬下来，而是让主人搬梯子去救它。而对于一只小熊猫来说，从树上下来根本不是事儿，它会像一条蛇一样优雅地从树干上滑下来。

小熊猫还会像蛇一样伸出舌头尝空气呢，

只不过它的舌头不是分叉的，

而是普通的非常可爱的舌头。

更确切地说，小熊猫的舌头很漂亮，但一点儿也不普通。它的舌头能够分析空气中的化学成分，并立即告诉人类周围在发生什么。顺便说一句，科学家至今仍然不确定哪些动物是小熊猫的亲戚。你怎么看？也许它跟蜥蜴和蛇沾点儿亲戚（开玩笑的）？

当然不是了，它跟爬行动物可不是亲戚。

或者，它可能跟臭鼬沾点儿亲戚？

毕竟，小熊猫和臭鼬几乎一样，在遇到危险的情况下，能够向敌人喷射一种非常难闻的液体，甚至可以吓跑最饥饿的捕食者。但是，这仍然不能说明它是臭鼬的亲戚。它们只是会做同样的事情罢了。不过，小熊猫和松鼠是亲戚，这是没错的，因为它们都可以完美地在树枝间跳来跳去！

还可以说小熊猫和人类是亲戚呢！

这是为什么呢？

我们可完全不像啊！

小熊猫的开锁技能可不比人差。英国动物园的一只名叫“巴巴”的狡猾的雄性小熊猫尤其如此。无论把它关进什么笼子里，它都能设法逃脱。而且不止一次，是两次。两次，巴巴都被抓了回去——它懒得跑太远。第一次，它找到一个鲜花盛开的花园，就在那里舒适地居住下了。第二次，它找到了一棵很棒的大树，就决定住在上面了。很好奇还会不会有第三次。

知道小熊猫有多聪明、多可爱了吧？

别忘了祝它们节日快乐啊！

每年9月的第三个星期六

是国际小熊猫日。

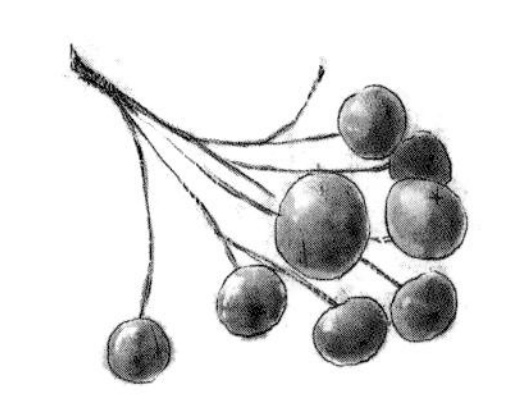

你来涂一涂

小熊猫妈妈会抚养自己的孩子一整年。

给小熊猫妈妈和小熊猫宝宝涂色吧。

我不光又小又可爱，我还非常谨慎！所以想要见到我可不是那么容易的。

再见啦！

或许我们会在动物园里再见！

动物园里的朋友们

本套书共三辑，每辑 10 册，共 30 册。明星作者以第一人称讲故事的形式，展现每个动物最与众不同、最神奇可爱的一面，介绍了每种动物的种类、生活环境、形态特征、生活习性等各方面。让孩子们足不出户也能了解新奇有趣的动物知识。

第一辑（共 10 册）

第二辑（共 10 册）

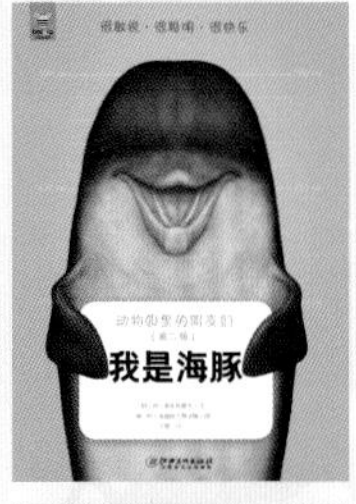

第三辑（共 10 册）

图书在版编目（C I P）数据

动物园里的朋友们．第三辑．我是小熊猫 /
（俄罗斯）塔•拉扎列娃文 ；靳玺译．-- 南昌 ：江西美
术出版社，2020.11
ISBN 978-7-5480-7515-8

Ⅰ．①动… Ⅱ．①塔… ②靳… Ⅲ．①动物—儿童读
物②小熊猫—儿童读物 Ⅳ．① Q95-49

中国版本图书馆 CIP 数据核字（2020）第 067721 号

版权合同登记号 14-2020-0156

出 品 人：周建森
企　　划：北京江美长风文化传播有限公司
策　　划：巴拉拉
责任编辑：楚天顺 朱鲁巍
特约编辑：石 颖 吴 迪 王 毅
美术编辑：童 磊 周伶俐
责任印制：谭 勋

动物园里的朋友们（第三辑） 我是小熊猫

DONGWUYUAN LI DE PENGYOUMEN (DI SAN JI)　WO SHI XIAOXIONGMAO

［俄］塔·拉扎列娃 / 文 ［俄］伊·特列季亚科娃 / 图 靳玺 / 译

出　　版：江西美术出版社
地　　址：江西省南昌市子安路 66 号
网　　址：www.jxfinearts.com
电子信箱：jxms163@163.com
电　　话：0791-86566274 010-82093785
发　　行：010-64926438
邮　　编：330025
经　　销：全国新华书店
印　　刷：北京宝丰印刷有限公司
版　　次：2020 年 11 月第 1 版
印　　次：2020 年 11 月第 1 次印刷
开　　本：889mm × 1194mm 1/16
总 印 张：20
ISBN 978-7-5480-7515-8
定　　价：168.00 元（全 10 册）